ボス猫

岩合光昭

目次 *contents*

ボス猫は今日も行く —— 4

ボス猫の季節便り —— 54

春 —— 54

夏 —— 62

秋 —— 70

冬 —— 78

世界のボス猫 —— 86

トルコ —— 86

イタリア —— 90

ボルネオ —— 94

モロッコ —— 98

キューバ —— 102

クロアチア —— 106

ブラジル —— 110

スペイン —— 114

スイス —— 120

あとがき —— 126

ボス猫は
の〜んびり
今日も行く

野良猫界のキング・ボス猫は
毎日、自由気ままに行動します。

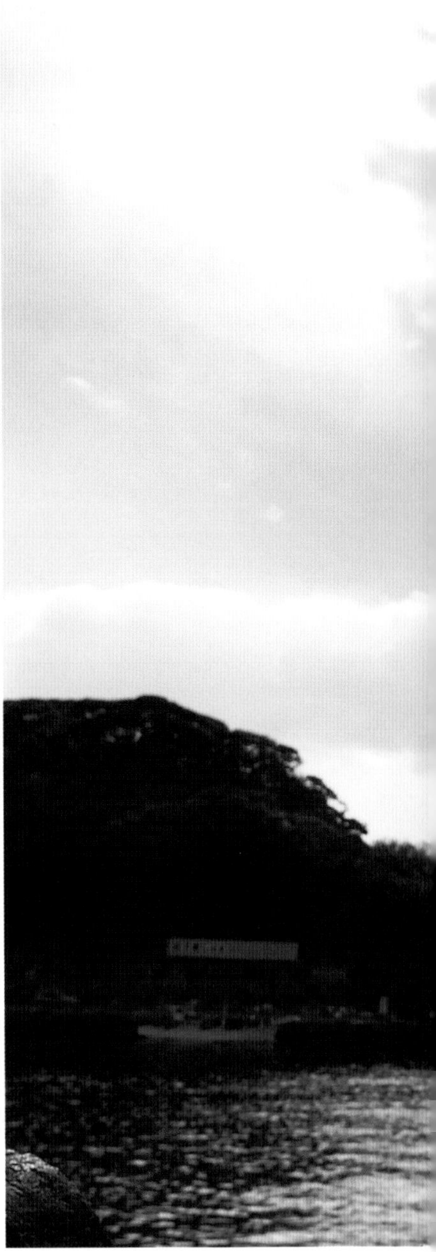

アサヒビール
アサヒビール

キリンビール
KIRIN BEER

KIRIN BEER
MEIJI-SCHOELLER

ボス猫の季節便り 春

夏

秋

冬

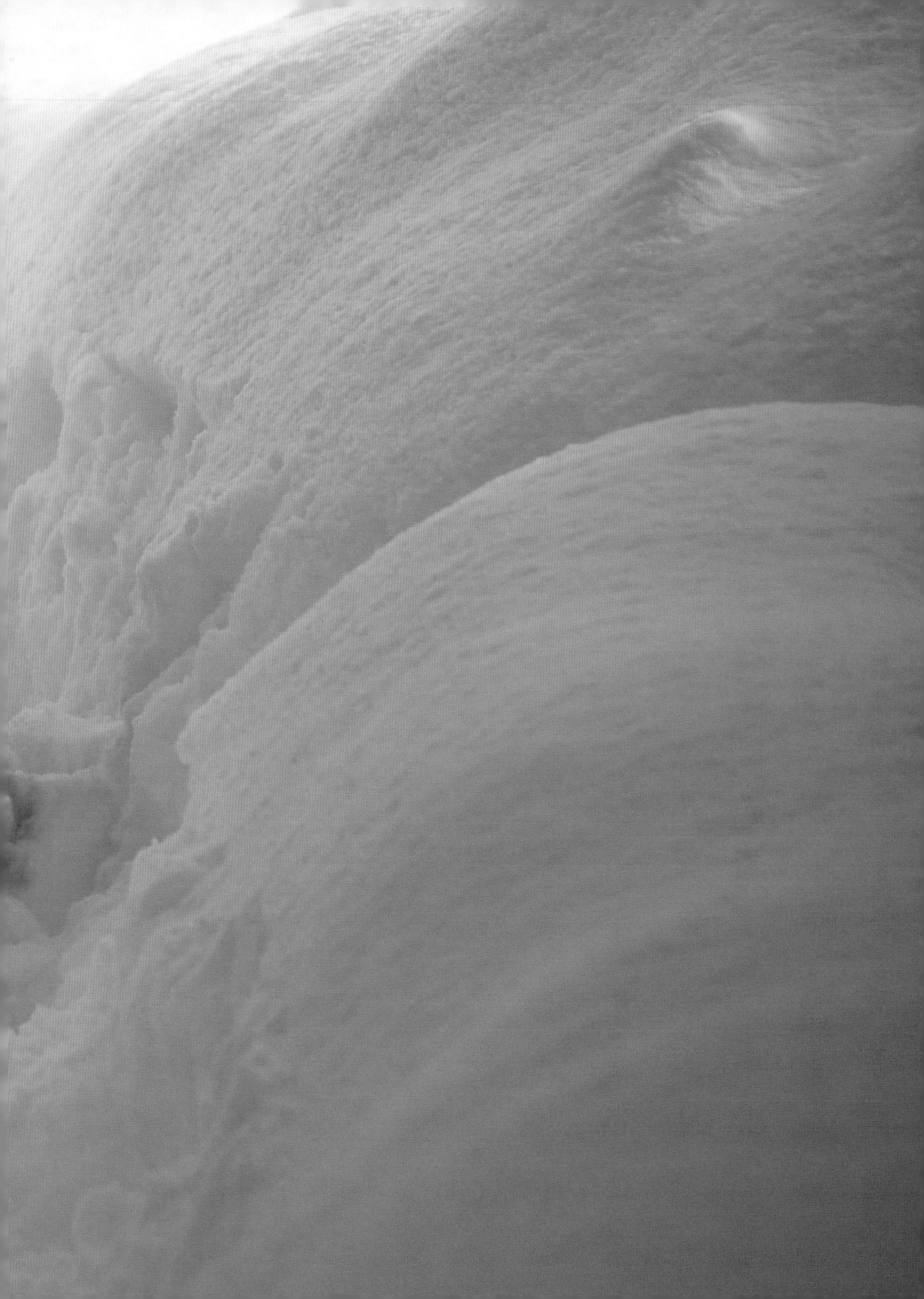

世界の

ボス猫

トルコ

トルコ

イタリア

イタリア

ボルネオ

ボルネオ

C90

モロッコ

モロッコ

キューバ

キューバ

クロアチア

クロアチア

ブラジル

ブラジル

スペイン

スペイン

スペイン

スイス

スイス

スイス

あとがき

岩合光昭

「ボス」という言葉には、胸をくすぐる魅力的な響きがあります。それは、深い優しさ、激しい厳しさ、優れた統率力、強さへの憧れ……。たった2つの文字なのに、あらゆる印象を饒舌に物語るからなのでしょう。

ネコの撮影では撮っている時間より、探し歩いている時間の方が圧倒的に長いです。出会えるネコが全て大切なので、会いたいネコをイメージして探すことはまずないのですが、ボスネコに限っては不思議と、この街の、この村の、この島の「ボス」はどんなネコだろうと、必ず頭をよぎります。

いろいろなボスがいます。顔が大きく親分肌の分かりやすいオス。子ネコを何匹も産み育てた肝っ玉かあさんのメス。生まれて数ヵ月の甘え上手な子ネコがヒトの心を掴み、そこの場所のボスになっていることも（笑）。ネコをずっと飼っているヒトと話をすると、飼っているのではなくネコに飼われている気がすると、おっしゃる方が少なくありません。気がつくと、ネコのやることなすこと、苦笑いしながら許してしまっている……。

顔も体も大きなネコに会うと嬉しくて、思わずボスと呼びたくなります。でもそこから、しっかりと観察して、本当にボスなのかを見極めて付き合います。体が大きくても、争いを好まない穏やかなネコもいる。ですが、そんなネコも僕にとっては「ボス」。すべてのネコはボスなのです。唯一無二の存在だから。

岩合光昭

MITSUAKI IWAGO

1950年東京生まれ。地球上のあらゆる地域をフィールドに活躍する動物写真家。身近なネコを半世紀以上ライフワークとして取り続けている。NHK BSプレミアム『岩合光昭の世界ネコ歩き』が好評放送中。
ネコに関する著書に『ねこ』『岩合光昭の世界ネコさがし』『こねこ』『岩合さんちのネコ兄弟 玉三郎と智太郎』(クレヴィス)『ネコおやぶん』『自由ネコ』『スタンド・バイ・ニャー』(辰巳出版)などがある。

映画「ねことじいちゃん」(2019年)「劇場版 岩合光昭の世界ネコ歩き あるがままに、水と大地のネコ家族」(2021年)で監督をつとめる。

■岩合光昭　公式ホームページ [IWAGO] http://iwagomitsuaki.com

写真　岩合光昭
編集・デザイン　内田美由紀

ボス猫

2021年4月26日　第1刷発行

著　者　岩合光昭
発行者　日下部一成
発行所　株式会社ジーウォーク
〒153-0051 東京都目黒区上目黒1-16-8 Yファームビル6F
TEL.03-6452-3118 FAX.03-6452-3110

印　刷　三共グラフィック株式会社
製　本　株式会社セイコーバインダリー

Printed in Japan
ISBN 978-4-86717-134-9